新编 家装设计法则

客厅沙发背景墙

主编 林墨飞 唐 建 于 玲 霍 丹

辽宁科学技术出版社
·沈 阳·

本书编委会

主　编：林墨飞　唐　建　于　玲　霍　丹

副主编：都　伟　陈　岩　林　林　孙雪梅　宋季蓉　臧　慧

图书在版编目（CIP）数据

新编家装设计法则. 客厅沙发背景墙 / 林墨飞等主编. —沈阳：辽宁科学技术出版社，2015.4

ISBN 978-7-5381-9132-5

Ⅰ. ①新…　Ⅱ. ①林…　Ⅲ. ①住宅—装饰墙—室内装饰设计—图集　Ⅳ. ①TU241-64

中国版本图书馆CIP数据核字（2015）第035925号

出版发行：辽宁科学技术出版社

（地址：沈阳市和平区十一纬路29号　邮编：110003）

印 刷 者：沈阳新华印刷厂

经 销 者：各地新华书店

幅面尺寸：215 mm × 285 mm

印　　张：6

字　　数：120千字

出版时间：2015 年 4 月第 1 版

印刷时间：2015 年 4 月第 1 次印刷

责任编辑：于　倩

封面设计：唐一文

版式设计：于　倩

责任校对：李　霞

书　　号：ISBN 978-7-5381-9132-5

定　　价：34.80元

投稿热线：024-23284356　23284369

邮购热线：024-23284502

E-mail：purple6688@126.com

http：//www.lnkj.com.cn

前言 Preface

家居装饰是家居室内环境的主要组成部分，它对人的生理和心理健康都有着极其重要的影响。随着我国经济日益发展，人们对家居装饰的要求也越来越高。如何创造一个温馨、舒适、宁静、优雅的居住环境，已经越来成为人们关注的焦点。为了提高广大读者对家庭装饰的了解，我们特意编写了这套丛书，希望能对大家的家庭饰装修提供一些帮助。

本套“新编家装设计法则”丛书包括《玄关·客厅》、《餐厅·卧室·走廊》、《客厅电视背景墙》、《客沙发背景墙》、《天花·地面》等5本书。内容主要包括：现代家庭装饰装修所涉及的各个主要空间的室内装装修彩色立体效果图和部分实景图片、家居室内装饰设计方法、材料选择、使用知识以及温馨提示等。为了方大家查阅，我们特意将每本书的图片按照不同的风格进行分类。从欧式风格、现代风格、田园风格、中式风格混搭风格等方面，对各个空间进行了有针对性的阐述。

客厅沙发背景墙，顾名思义，就是在客厅中充当沙发区域的背景墙面，并能够展示一定的形象和风格。随着们居住条件的日益改善，住宅布局也发生了很大的变化，其间最显著的改变是客厅面积大大增加了。客厅是一家庭的名片，同时也是家人和来访者活动的中心，因此很多人就把居室的设计重心放在客厅，围绕客厅中心进设计和装修已成为人们的共识。而沙发区域作为客厅的主体，往往是视觉的焦点所在。此外近年来，视听设备沙发的外形设计日益美观，其变化对客厅整体设计举足轻重。所以，沙发背景墙更加成为整个居室设计和装修重中之重。同时，沙发背景墙的设计也是考验设计师能力和体现主人个性化的一个特殊空间。所以，沙发背景设计的成功与否，直接关系到整个居室设计的效果。客厅沙发背景墙设计应当从实际出发，因地制宜，灵活安、巧妙点缀，既要达到满足家庭成员的居住、休息等多种功能，又要满足人们精神需要的目的。

本书正是从广大读者比较关心的客厅沙发背景墙出发，主要内容包括现代家庭客厅沙发背景墙设计与装修所及的设计手法、设计风格、材料选择以及软装饰设计，通过效果图和文字解析，一一呈现给读者，并在全书中插装饰细节小贴士，以便读者更好地掌握客厅沙发背景墙的设计要点。希望能够给读者一些专业设计知识，从为自己和家人打造一个美观、实用、优雅、时尚的客厅沙发背景墙，享受、品味生活的乐趣。

本书以图文并茂的形式来进行内容编排，形成以图片为主、文字为辅的读图性书籍。集知识性、实用性、可性于一体。内容翔实生动、条理清晰分明，对即将装修和注重居室生活品质的读者具有较高的参考价值实际的导意义。

在本书的编写过程中，得到了很多专家、学者和同行以及辽宁科学技术出版社领导、编辑的大力支持，此致衷心的感谢！

由于作者水平有限，编写时间又比较仓促，因此缺点和错误在所难免，我们由衷希望得到各位读者的批评并正。

编者

2015年春

目录 Contents

沙发背景墙的墙面面积大、位置重要，是视线集中之处，所以它的装修风格、式样及色彩对整个客厅的色调起了决定性作用。

沙发背景墙是客厅中除了电视背景墙外最引人注目的一面墙，在这面墙上，可采用各种设计手法突出主人的个性特点，但在设计风格上宜与电视背景墙协调一致。

◀ 将要表述的意图和装饰风格特点以最简练的手法表现出来并且体现有主有次、相近、简约对比的原则。

Chapter1 客厅沙发背景墙设计手法

1. 设计原则

沙发背景墙的墙面面积大、位置重要，是视线集中之处，所以它的装修风格、式样及色彩对整个客厅的色调起了决定性作用。沙发背景墙设计应当从实际出发、因地制宜、灵活安排、巧妙点缀，既要达到满足家庭成员的居住、休息等多种功能，又要满足人们精神需要的目的。在设计沙发背景墙的时候应考虑以下几个方面的设计原则：

（1）沙发背景墙必须围绕主要生活功能的需求进行，一切陈设、装饰的艺术，都不应违背实用的原则；能够带给人们以精神享受，也是一种实用。

（2）沙发背景墙力求使室内布局完整统一，基调协调一致，也就是要在布局中融入居室的客观环境与个人的主观因素，它包括性格、爱好、志趣、职业等。尽管装饰手段千变万化，基调则只应有一个。

（3）室内的物品（家具、饰品等）的摆放应当疏密有致，不应过多地占用人的活动空间。平面布置上讲究均衡，纵向布置上则力求有对比、有照应，既满足视觉上的层次感，又满足心理上的空间感。

▲ 用黑镜进行结构式构图，勾勒出现代的家居氛围。

▲ 紧紧围绕设计主题内容，有目的地突出和强调。使背景墙的内容形象鲜明，深入人心。

（4）在设计沙发背景墙时，应同时兼顾室内其他立面，应显出一个基本色调，而不应互相冲突。色调的统一要比色彩的对比更重要，变化的色彩美应寓于基本色调之中。

（5）要先确立整个空间的概念主题，在该主题指导下进行沙发背景墙设计。如确立整体风格的倾向是中式的、欧式的、欧陆风情的，还是田园风情的等。

设计／陈　华

▲ 浪漫的地中海风格，让居室氛围分外清爽。

设计／曹　鸥

设计／徐　柯

▲ 电视背景墙与沙发背景墙的风格应该统一和谐。

设计／于　龙

▲ 墙上的绿色抽象挂画，虽然看上去错综复杂，给人一种当代的简洁感，与窗边的红色座椅形成色彩对比，让这里成了又一个休息的好地方。

设计/广元美度装饰设计工作室

设计/陈尚平

设计/品辰设计

设计/崔文佳

设计/石　伟

设计 / 滕红红

设计 / 任 伟

设计 / 郑依浜

设计 / 沙建磊

设计 / 付佳兴

◀ 该背景墙的色彩、家具、装饰品都非常适合老年人的喜好。

2. 设计要点

沙发背景墙是客厅中除了电视背景墙外最引人注目的一面墙，在这面墙上，可采用各种设计手法突出主人的个性特点，但在设计风格上宜与电视背景墙协调一致。

（1）设计沙发背景墙，首先应围绕人这个中心，在位置和尺度上考虑具备通风、光照的朝南方位和宽敞自如的空间条件。还会根据家庭的结构、年龄、社会状况、生活习性及个人喜好等多种因素，使功能形式、陈设构成、空间区划等都能达到物尽人意、宽舒适宜的效果。

（2）设计时先要看整体，沙发背景墙对整个室内的装饰及家具起衬托作用，装饰不能过多过滥，应以简洁为好，色调要明亮一些。简洁就是线条简练、造型整洁、删繁就简。从务实出发，不盲目跟风、简单堆砌，而是在满足功能需要的前提下，将主题墙实用而又时尚的简约风格与主人独立自我的个性融合在一起，打造专属于自己的优雅生活。

设计 / 王向华

设计 / 王 琴

设计 / 星火设计

◀ 家具风格最好与沙发背景墙的风格保持一致，家具颜色最好采用与背景墙同色系的颜色作为主色调，在此基础上添加柔和对比色或中间色的配饰。

设计 / 匡国亮

设计 / 张　强

（3）利用灯光渲染沙发背景墙，可以使背景墙更加艳丽多姿、光彩夺目，同时也使室内气氛更加浓烈、喜庆。家居的装修之美，在一定程度上是依靠光线修饰的。沙发背景墙的灯光布置多以局部照明来处理，并与该区域的顶面灯光协调考虑，灯泡应尽量隐蔽，灯光照度要求不高，光线应避免直射人的脸部。

设计 / 林戴钦

设计 / 魏庆喜

▲ 背景墙的灯光要依据空间装饰性与功能性的需要进行设计、组织。

▲ 用石膏板造型打造的背景墙，生动、有趣！

（4）沙发背景墙可用的装饰材料很多，有的用木质、天然石，也有用人造文化砖、布料，现还常用石膏板及陶砖。还有一些特别的材料和造型，如浮雕、铁花、壁饰、根雕、古旧器皿等，可以成为墙面装饰的某种标志或符号，起到画龙点睛的效果。

▲ 直接落地的田字格造型简洁、现代！

设计 / 王智杰

3. 造型设计

（1）墙裙的装饰造型

墙裙用于墙面人们容易接触的部位，其功能是保护墙面免受人为或机械的损坏，兼顾美观。墙裙高度一般为 1m 左右，有油漆墙裙、涂料墙裙、瓷砖墙裙、石材墙裙及木制墙裙等。随着居室装饰装修现代简约风格的流行，墙裙已被越来越多的家庭所摒弃，有逐渐被淘汰的趋势。但在欧式装修风格里还是普遍采用的一种手法。

设计 / 欧建书

设计 / 姚国欣

设计 / 侯宇波

▲ 墙裙不仅有保护墙面不受损伤的功能，而且还具有强烈的装饰性。

（2）墙面直接装饰造型

墙面直接装饰包括贴墙纸、墙面绘画及墙面浮雕式等几种形式。贴墙纸一般可选色彩淡雅的如米黄、淡红色的墙纸，要注意整个房间的色调氛围及色调统一；墙面绘画应按主人的喜好决定，一般可用单色（或顶多是双色）的淡淡的花草、树木，色彩不宜过于浓烈，由于在墙上绘画要有专业美术基础，一般家庭不容易做到。

▲ 该方案属于功能性沙发背景墙，在满足功能需要的前提下，力求创造出舒适的家居环境。

▲ 龙飞凤舞的书法搭配简单的墙面，勾勒出现代中式的家居氛围。

设计 / 富尔特装饰

设计 / 鞠成巍

设计 / 鞠成巍

▲ 沙发背景墙还可以设计成相片展示墙，或错落有致，或随心所欲，都会让背景墙不仅好看，而且更为好用。

（3）墙面悬挂式造型

悬挂式墙饰最普通常见的是字画、挂历、照片等，此外，较为人们喜爱的则有挂碟、壁挂织物及壁挂艺术品。合理的墙面布置对整个客厅的装饰效果有画龙点睛的功效。如果客厅宽敞，还可用布幔来美化墙壁，采用与室内沙发布、床罩面料相同的织物，从天花板到踢脚线用打褶的方法将四面墙壁围起来，这种装饰方法显得十分温暖，又有浑然一体的格调。

设计 / 真水无香

设计/杜 坤

设计/姜 鑫

▲ 照片墙是经常采用的背景墙装饰手法，简单可行！

设计/陈德敬

设计/孙旺胜

设计/柯与陈

温馨小贴士

沙发背景墙在家装设计中的“重要角色”

墙面的设计，就像人的穿着一样，只有品位出众，才能给人留下深刻的印象。不管我们对家有着怎样不同的理解，但对于沙发背景墙的打造，相信许多人都不会忽视。有创意的沙发背景墙设计会给空间带来意想不到的装饰和点缀效果。

◀ 点光源照射可以突出沙发背景墙的造型以及墙面装饰。

照明设计

（1）要进行层次照明

好的照明方案都是很有层次的，一般分为普通照明、重点明和装饰照明三种。普通照明用于人的一般行为，最好是让光照到墙上、天棚上，用反射下来的光照到各处。这样的光比较柔和、均匀，立体感强，而且空间显得比较开阔；重点明是在人经常活动的区域，比如沙发会客区、休闲娱乐区、台消遣区、阅读区等处进行局部的重点照明；装饰照明是在些装饰部位，如墙上的画、台面或地上的植物、装饰墙面等进行一些特殊的照明。

这样就会形成“体积光”、“面光”和“点光”，“暗一亮一亮”等不同层次的光。当然，这三部分光都要能够分路控制，以同时开启，也可以针对某一需要而单独使用。这样，不仅于使用，也能节省能源，空间效果也更完美。

▲ 壁龛内的点藏灯光起到了烘托家居气氛的作用。

▲ 沙发背景墙的光尽量不要直接照在沙发区域上方，这样会使坐在沙发上的人感觉不舒服，可以多选择间接光源。

◀ 墙面内藏灯具造型既要考虑美观、大方、富于变化，又要注意它的风格与整个房间摆设、色调的统一和谐。

设计 / 王　玮

设计 / 富尔特装饰

设计 / 许芳明

设计 / 富尔特装饰

设计 / 沙建磊

设计 / 张思文

设计 / 宁益军

（2）客厅照明的灯具

客厅既是会客和休息的空间，也是阅读、视听的场所，还要有装饰的效果。其外观既要好看，也要满足功能需要。要把客厅按照功能进行分区，然后进行层次照明，这是一个既简单，又可行的处理力式。

设计 /DOLONG 设计

在沙发的音乐欣赏区，可选用壁灯或射灯或地脚灯，使光与声音自然融合。

设计 /DOLONG 设计

◀ 灯光色调要柔和，以创造温馨的气氛，并有
当的照明度以满足客厅的要求。

下射的灯会得到某种强调的感觉。可用来安排重点照明和普通照明；可移动的台灯、地灯、洗墙灯（一种藏在天花内，打在墙上的灯）等，可用普通照明；导轨的可移动式的聚光灯，可以照在任何你需要的地方，可以进行重点照明和装饰照明；当房间比较大时，与台灯组合，可以在局部形成十分明亮的效果。

设计 / 朱国庆

▲ 落地灯照明属于辅助照明，但它的装
性在背景墙的设计中能起到画龙点睛的
果。

设计 / 薛文强

◀ 多种灯具的组合，让背景墙的欧式风
分外突出。

设计 / 朱国庆

几种灯具可以结合使用，如筒灯、壁灯、落地灯等，这样更富有艺术感染力。

如果客厅内有吊顶时，可以利用可聚光的筒灯或石英灯作为重点照明，利用可改变方向的牛眼灯进行装饰照明。我们观看电视时，电视其实是一种光源，如果没有环境照明，人们就会觉得很疲劳；相反，环境光过亮，分散注意力，影响观看效果。这时，一般把光源设置在电视的周边或者后方，并在眼睛看不到的地方安装灯具，以形成扩散性的一般照明。

设计 / 刘兆娣

如果房间较高，可用大水晶吊灯，这样空间具有代感。灯具的造型与色彩要与沙发等家具摆设相周。

设计 / 广元美度装饰设计工作室

▲ 该背景墙上采用了蓝色 LED 灯光，让中式风格多了几分趣味。

设计 / 戴勇室内设计师事务所

▲ 背景墙上方的灯具造型炫酷，让现代的家居氛围更加明显！

设计 / 胡　健

射灯、石英灯属于点光源，点光源可以用于投射到墙上，不仅可以增照度，还能够提升空间装饰氛围。

温馨小贴士

灯具的选择技巧

由于现在灯具样式层出不穷，因此在买灯饰前，最好先了解一下现代灯饰的发展趋势，以免新买回去的灯饰不久便遭淘汰的厄运。从节能的角度出发，可以多安装节能光源。尽量避免安装五颜六色的灯，因为五颜六色的灯光除对人的视力危害大外，还会干扰大脑高级中枢神经的功能。灯具光源要能分别控制，因为如果只有一个总开关，几盏灯同开同闭，就不能选择光线的明暗，也会浪费电能，而装上分控开关可以随时根据需要选择开几盏灯。

设计 / 王　玮

▲ 灯带和筒灯照明结合使用，不仅可以增强背景墙装饰效果，还能丰富整个空间的立体层次。

设计 / 刘兆婷

设计 / 金世纪装饰　鲁倍宁

设计 / 崔文佳

设计 / 戴文强

（3）有益健康的良好照明条件

要科学合理地使用光源，避免眩光，以保护视力、合理分布光源，光线照射方向和强弱要合适，避免直射人的眼睛。保持稳定的照明，光线不要时暗时明或闪烁。室内照明使用的灯也会产生眩光，特别是白炽灯泡，可将它加上防眩光灯具，或将灯泡移至人的视野之外。当然最根本的办法还是选用光照效果良好的灯具，采用合理的投射角度。

▲ 采用下射、暗藏式相结合的方式设计了背景墙灯光，应该分别控制。

▲ 背景墙上方采用线形光带，突出了整个室内设计的水平延伸感，动感十足！

▲ 如果背景墙上设计了博古架或搁板等装饰物，应该通过射灯进行局部照明，以加强对展示品的装饰效果。

▲ 背景墙的灯光布置，不仅要以墙面的局部照明来处理，还应与该区域的顶面灯光统一设计。

▲ 间接光源、壁纸与雕花玻璃组成丰富的层次变化，将背景墙完整的视觉效果勾勒出来。

◀ 等距的照明布置，与沙发背景墙造型的等份分割和谐统一。

设计 / 付占东

设计 / 贾冠楠

设计 / 鞠成巍

设计 / 康德亮

5. 色彩设计

（1）客厅色彩的健康选择

色彩可以使室内空间感觉发生变化，如暖色调的色彩可以使人感觉较轻，具有向前或上浮的错觉，而冷色调使人觉得较重，具有下沉或后退的错觉。利用这些错觉可以调节室内的空间感。色彩还可以对人的行为、情绪有直接而强烈的影响，如暖色调的色彩具有兴奋、刺激的效能，而冷色调的色彩具有镇定、沉静的效能。要选择好、运用好居室装饰的色彩，就必须了解各种色彩的特点。

▲ 将背景墙的色彩统一在其他空间界面里做成浅颜色，选择深沙发、地毯与挂画的分量与之形成鲜明对比。

▲ 活泼明快的沙发背景墙色调，最好以奶白、驼灰等色为背景，再配色彩鲜艳的摆设物品，这样既不失单调，又不纷杂，能给归家的人以及来访的宾客以热情大方的感觉。

▲ 以黑色调剂主墙色调，勾勒出时尚、现代的居室氛围。

设计 / 吴献文

设计 / 梵石设计

设计 / 戚　龙

设计 / 金世纪装饰　张　新

设计 / 李晓乐

（2）客厅内产生颜色的部位

我们可以把客厅内产生颜色的部位归纳一下。

①围合界面：四面墙壁、天花、地面、窗帘、门；

②家具、家饰：沙发、茶几、靠垫、电视柜、椅子、水酒台、音箱、植物等；

③维护部分：暖气罩、窗帘盒、踢脚板、窗套、门套、窗台板、背景培、棚线等；

④灯具：吊灯、吸顶灯、壁灯、台灯（罩）、地灯（罩）、射灯等。

（3）装修部分的色彩分解

我们把装修部分可以概括成两块或三块颜色。两块颜色的：天花、墙面为第一块颜色，地板、家具为第二块颜色，其他地方如门、门套、暖气罩、踢脚板等，或随墙的颜色，或随地板的颜色；三块颜色的：天花和三面墙壁为第一块颜色，地面为第二块颜色。另一个墙壁或背景墙为第三块颜色。为什么我们这么吝惜色彩，控制得这么严格？装修的部分只是一个背景、一个底衬，我们要始终清楚这一点。要把更好的颜色、更多的颜色留给装饰部分。

这些大块的颜色如果不严格控制，家就会显得很乱、很杂、很无序。装饰部分，除了窗帘，其他部位面积都不是很大，可以用些跳跃的颜色来强调或装饰空间，使客厅变得更有趣、更生动、更有个性。这些小的部位，也可以经常地变换一下颜色，来改变客厅的感觉。

设计 / 程家龙

▲ 一条艳丽跳跃的蓝色壁纸，在主色调为浅色的电视背景墙上显得格外醒目。

设计 / 吕海宁

▲ 这种中黄色的背景墙处理手法有更多的宽容性，为其他地方的配色留有更多的空间。

设计 / 郭宏伟

▲ 绿色象征着清新、茁壮、生动，富有生命力。在这样的环境中，人自然而然感到松弛、舒畅、和平、宁静。

设计 / 李鸿翔

▲ 小面积的装饰品可以采用鲜艳的颜色。另外，需配有生命力的植物。这样的客厅才会有独特的个性。

◀ 灰色调的使用增加了背景墙的时尚气息。明度高的灰色是积极、明朗、高雅和漂亮的；明度低的灰色是比较消沉和颓丧的。

室内色彩不仅对视觉产生影响，而且还对人的情绪及心理产生较大的影响。因此，一个成功的室内装饰创意，必有一个与之匹配的色彩装饰设计创意。实践表明，科学地使用色彩有助于人的身心健康，同时利用色彩的多种美化，还可以取得安静或热闹的效果。

在沙发背景墙色调的处理上，首先要考虑确定客厅的一个主色调，其他色彩与主色调相协调。一般是以家具色调为中心，而墙壁、地面、门窗和织物的色彩必须与其相协调。

在色彩的选择与搭配上，应力求整体的统一与局部的重点突出。故客厅的色彩选择应典雅、大方，最好以灰、白等色彩为背景色，再搭配一些颜色鲜明的局部点缀。这样就可以达到既不觉得单调，又无纷杂感的效果，从而使客厅产生一种明朗、舒畅、欢快的气氛，使人情绪饱满。

▲ 背景墙壁纸采用橘色，在和谐中产生变化，丰富了整个空间的色彩层次。

▲ 黑白对比度的电视背景墙色彩设计，给整个客厅带来一股强烈的视觉冲击力和现代时尚气息。

▲ 红与白的对比，简洁又跳跃，还有一种欢快感。

◀ 红色和黄色都是非常温暖的色彩，两者的组合仿佛勾勒出美好的生活记忆，让人沉醉。

▲ 蓝色的背景墙造型和家具营造出浪漫的地中海风情。

◀ 背景墙采用了大面积深褐色壁纸和少量白色装饰画互相搭配的色彩设计手法，再配合线形灯光，尽显华贵大气。

设计/孙 豪

设计/郭建斌

设计/任 欢

设计/孟红光

设计/李 岩

Chapter2 客厅沙发背景墙设计风格

1. 高雅奢华的欧式风格

▲ 欧式素材及色彩合理的运用，塑造出的气势与品质成为一种深厚文化底蕴的沉淀，体现出主人尊贵的品质生活。

▲ 欧式风格电视背景墙强调以华丽的装饰、浓烈的色彩、精美的造型，达到雍容华贵的装饰效果。

▲ 经典的欧式设计，劲挺之余又显柔婉，突出古典装饰的唯美品质，营造了浪漫的休息空间。

▲ 把宽敞舒适的空间修饰为富丽堂皇的尊贵府邸，令人醉倒在华尔兹的优美乐声中，同时又兼容华贵典雅与时尚现代，反映出个性、浪漫、时尚的美学。

通过完美的弧度曲线造型，精益求精的细节处理，带给家人不尽舒适感，实际上“和谐”是欧式风格的最高境界。

▲ 现代的设计手法，融入了欧式的设计元素，采用浅色主调，局部配以深色的家私和软装，让空间层次丰富起来。

造型典雅、精致，浓厚的欧陆文化气息使其超越了“流行”的概念，代欧式成为一种品位的象征。

▲ 该背景墙以大理石做基础装饰，采用木线做造型套线，遵循保留了古典主义精髓，并延续欧洲文化特质的审美原则。

◀ 暖色壁纸常被运用于欧式电视背景墙材料，作为一种自然光的延续，既体现了空间的开阔性，又表达了黄昏夕阳西下那种家的温馨和归属感。

◀ 该沙发背景墙在造型方面体现出
脚细腻、色彩柔和、崇尚华丽的欧
风格特征。

▲ 华贵的背景墙壁纸和装饰性较强的画面将整个客厅的典雅气质烘托得淋漓尽致。

▲ 欧式风格的背景墙家具、灯具、壁纸，不同的元素交织重合，构
了一个富有幸福感的画面。

◀ 欧式造型，配合精美的台灯、壁灯
让整个背景墙华贵典雅。

设计 / 吴　巍

设计 / 刘　洋

设计 / 郭岩波

设计 / 鞠成巍

设计 / 沙建磊

设计／任　伟

设计／邯郸恩图设计　常晋安

2. 端庄含蓄的中式风格

设计／陈尚平

◀ 中国旧式贵族的生活画卷被展现得淋漓尽致，这其中，当然少不了对居室环境的描写，琳琅满目、精致考究的家具摆设，透出一种古典而华贵的休闲空间。

设计／李　康

▲ 崇尚古典文化韵味，人性居住环境与居室的关联性连接得恰到好处。让主人感觉轻松自如。

设计／袁仁山

▲ 打破传统沉闷的中式背景墙设计手法，透过现代造型、大方的家具及配饰，使人感觉十分惬意。

极具中式风格的大型壁画，让人有种远离尘嚣的错觉，能够让主人和朋友彻底放松。

▲ 这是一个简洁明快的背景墙设计，干净整洁的新中式沙发和挂画，呈现出令人熟悉的休闲感觉。

花格和月洞窗都是中式设计风格的经典元素，该方案运用得自然得体、恰到好处。

▲ 书法壁纸是常常采用的中式背景墙造型元素，表达出清雅含蓄、端庄厚重的风格特征。

◀ 舒展的直线造型，配以主人优雅的情调，营造出一个宁静祥和的小憩空间。

◀ 沙发背景墙的木雕，不仅
达了传统中式风格的精髓，
寄托了对美好生活的向往。

▲ 用书法图案的壁纸做沙发背景墙墙面装饰，与整个中式空间氛围十分和谐，富有端庄大气之感。

▲ 中式的装修风格与明式家具构成一幅别致而简约的画面。

▲ 背景墙上的花格图案和客厅里的雕花隔断搭配得恰到好处。

▲ 浅黄色的沙发、米色壁纸和深木色家具组成一面低调奢华的
发背景墙。

设计 / 鞠成巍

设计 / 朱王凡

设计 / 刘青清

设计 / 鞠成巍

设计 / 付占东

设计 / 兰海亮

设计 / 欧建书

设计 / 姜　林

3. 自然惬意的田园风格

设计 / 陈　华

◀ 以灰绿色素雅为基调，搭配布艺条纹沙发，营造出一个简约温馨的休息空间。

▲ 木材本身有温暖感，加之与其他材质和色彩容易搭配，白色混油施工相对也较方便。

▲ 整个背景墙没有过多的造型装饰，蓝色乳胶漆和植物手绘就体现了回归自然的田园风。

▲ 蓝色乳胶漆墙面，坡屋顶下的搁物板和装饰柜，主人与设计师在这里用心良苦。

◀ 这个小空间选择的休闲沙发，和整体环境和谐一致，和谐的风格和颜色会使空间有扩大的视觉效果。

设计 / 杨璐帆

◀ 很简单的楼梯造型作为沙发背景，把空间与采光紧密结合在一起，使阳光充分照射在楼梯与走道之间。

设计 / 刘耀成

▲ 灯槽把天花板与通透的背景墙造型有机地结合起来，给客厅空间带来了韵致。

设计 /DOLONG 设计

▲ 沙发背景墙的田园风格延续在室内其他空间，增添了多变的空间体验。

设计 /DOLONG 设计

▲ 芭蕉叶图案的壁纸占据了沙发背景墙的大部分面积，结合颇具生活情趣的家具，表现出悠闲、舒畅、自然的田园生活情趣。

设计 / 梵石设计

▲ 精致的陈设装饰融入淡绿色的背景墙之中，充分体现设计师和主人所追求的一种安逸、舒适的生活氛围。

设计 / 极美设计机构

设计 / 梵石设计

◀ 墙面、地面的材质和用色朴素、恬静，最能体现岁月的沉积感。

设计 / 梵石设计

◀ 美好的家庭生活要先从客厅开始，一起进入色彩打造的田园风的客厅吧！

设计 / 钟方甲

设计 / 吴　锐

设计 / 金世纪装饰　刘兆娣

设计 / 章子钧

设计 / 玉　宏

设计 / 吴献文

设计 / 章子钧

设计 / 金杰琼

设计 / 李倩倩

设计 / 王五平

设计 / 刘耀成

设计 / 奉泉装饰

4. 简约时尚的现代风格

设计 / 魏庆喜

▲ 合理利用一张牛皮地毯作为沙发背景墙的主体，整体色调与大空间和谐统一，将客厅装点得个性十足。

设计 / 刘耀成

▲ 现代风格，简单陈设，最适合现代年轻家庭，除去烦琐的奢侈，只剩下清清淡淡，如清茶般清润剔透，让主人放松与自由。

设计 / 付佳兴

◀ 用现代简约的家居元素营造一种个性风情，整个空间流露出轻松、休闲与回归自然的气息。

▲ 结合空间的实用与功能设计的同时，更注重颜色搭配、配饰设计及对每一个细节的要求，最终呈现的居住环境典雅、舒服，而不失庄重，和主人的品位很好地融合在一起。

▲ 在纷繁喧哗的城市里，装修一间属于两个人的纯白色客厅，品茶、阅读、会客，实在难得。

▲ 自然、温馨的材质，配合白色皮沙发，同时香甜的红酒也能为空间增添一些温暖和甜蜜。

▲ 点、线、面的穿插组合、对比搭配，配合灯光效果的烘托，使客厅整体、和谐、雅致。

▲ 动感的造型仿佛是跳动的音符，不仅反映出主人的职业特征、生活品位，还为整个客厅营造了现代时尚的氛围。

▲ 水平动感的直线运用，给整个空间增添活跃的气氛，自然又富有个性，让主人在居室中放松心情。

设计/刘　勇

设计/耿　昊

► 浅色墙砖、深色地毯相互映衬，简练中有着精致的设计感。

设计/廉　旭

设计/高　明

设计 / 黄小彦

设计 / 沙建磊

设计 / 樊海鑫

设计 / 杨　程

设计 / 杨　程

设计 / 沙建磊

设计 / 侯君黎

设计 / 谢　谦

设计 / 唐　丹

设计 / 夏琳琳

5. 时尚个性的混搭风格

◀ 用硅藻泥装饰整面背景墙，加之纯木色搁板，让室外如诗如画的自然光线，勾勒出室内的空间轮廓，渲染家居美丽的色彩。

▲ 色彩应以和谐统一为主要配色标准，彩色乳胶漆、仿古地砖、长毛地毯都是休憩空间较适合的材料。

▲ 深色壁纸与银色隔断相配合，恰到好处的沙发背景墙造型，加之新古典家具，别具一格，处处让混搭的气氛包围。

▲ 大理石、地砖等较为冷硬的材质适合在客厅使用，若使用这些材质，则应以地毯弥补温暖感。

▲ 粗糙的地砖、欧式壁柜、田园风格沙发，一切都统一在混搭的氛围里。

▲ 欧式花纹壁纸搭配光洁的大理石，协调且有变化！

▲ 该方案在现代简约的设计风格里融入了几件美式家具和灯具。

▲ 沙发背景墙的现代简洁风格和电视背景墙花朵壁纸的细腻形成对比。

▲ 背景墙采用马赛克、玻璃等现代设计材料与其他空间的中西
素进行混搭，可以创造出奢华的居室氛围。

▲ 对于造型装饰已经很烦琐的背景墙来说，吊顶就没有必要太复杂了，用灯带来装饰一下就可以了。

◀ 地中海特有的蓝色和田园风格的小碎花，混搭得如此精彩！

▶ 红与白的混搭，色彩对比强烈，带来视觉上的震撼！

设计 / 张喆赫

设计 / 卜 什

设计 / 吕海宁

设计 / 许志冰

设计 / 昆山叙品装饰工程有限公司

设计 / 黄 军

Chapter3 客厅沙发背景墙的材料解析

. 材料选择

室内墙面装修可以保护墙体，使室内美观、舒适，还能起到调节室内空气的相对湿度，改善室内环境，能辅助墙体改善声学功能如吸音、反射声等。室内墙面的装饰效果由装修材料的质感、线条、图案及色彩等三方面因素构成。人们与墙面的距离比较近，所以宜装饰得细腻、精致、逼真。沙发背景墙的墙面装修最常见的是乳胶漆墙面、壁纸墙面、石材墙面及墙裙、踢脚板等。

墙面是衬托家具与饰品的背景，因此需要进行装饰，但也不应过分突出。除了墙面色彩外，装饰墙面时还要考虑用料经济、施工方便。

设计 / 吴献文

▲ 木地板拼到了沙发背景墙上，很出彩！

设计 / 星火设计

▲ 在沙发后面设计落地书柜或者酒柜是非常好的想法，可以充分利用空间。

设计 / 肖 林

▲ 纵横交错的水平直线造型，让整个客厅背景墙的现代感自然流露。

◀ 温暖的色调、柔和的灯光、精美的配饰给人温馨、舒适的感觉，营造出高品质的现代生活空间。

最简单的方法是用涂料涂饰墙面，它较壁纸等贴墙材料更具扩张感，尤其适于小房间使用。涂料的颜色可以自行配制，只要有红、黄、蓝三原色，分别配上白色，即可配制出各种各样颜色的墙面涂料。

用壁纸、墙布装饰墙面，目前比较流行，它能避免室内的单调、空旷感。用壁纸等装修过的房间有一定的收缩感，所以室内物品的摆设不应过分拥挤。一般来讲，塑料壁纸有一定的反光效果；而亚麻墙布则比较吸光。前者较为华丽；后者显得沉着，且吸音效果好。

传统上，人们还常用石材或木材做成各种造型来装饰沙发背景墙，油漆成各种颜色，这种墙面装饰也有一定的稳重感。

▲ 沙发背景墙反光镜面与柔软皮质的结合使用，经过不断地投射和折射，光在空间中交相辉映，却丝毫不显得轻浮。

▲ 背景墙整体色调素雅、冷静，搭配紫色的沙发，在和谐中体现出对比。

▲ 灯光处理温馨明亮，瞬间就可以将心情释放。

设计/熊逸飞

设计/刘 闯

设计/石家庄尚·品设计工作室

设计/谢小龙

设计/元洲装饰 钱 军

温馨小贴士

沙发背景墙布置中容易致癌的污染物有哪儿种?

甲醛：目前多种人造板材、胶黏剂、墙纸等都含有甲醛，甲醛是世界上公认的潜在致癌物，它刺激眼睛和呼吸道黏膜等，最终造成免疫功能异常、肝损伤、肺损伤及中枢神经系统受到影响，而且还能致使胎儿畸形。

苯：苯主要来源于胶、漆、涂料和黏合剂中，是强烈的致癌物。人在短时间内吸收高浓度的苯，会出现中枢神经系统麻醉的症状，轻者头晕、头痛、恶心、乏力、意识模糊，重者会出现昏迷以致呼吸循环衰竭而死亡。

氡气：装修中的放射性物质主要是氡。一般说来，建筑材料是室内氡最主要的来源，如花岗岩、瓷砖及石膏等。与其他有毒气体不同的是，氡看不见、嗅不到，即使在氡气浓度很高的环境里，人们对它也毫无感觉。然而氡对人体的危害却是终身的，它是导致肺癌的第二大因素。

这些污染物广泛地存在于各类家具和装修材料中，为健康着想，我们在选择上述物品时应特别注意，尽量避免使用劣质家具和材料。

▲ 挑选壁纸时除了主观喜好以外，为达到一定的装饰效果，还应注意材料和质地，不同质地与所选图案产生的搭配效果不尽相同。

2. 壁纸

（1）选择成熟的知名品牌：劣质或老式的墙纸有容易脱落、损坏、不透气、不环保等缺点，而高品质的墙纸不仅可以保证质量，且选用了优良的纯木浆纸或丝绒纤维作为底基材料，对人体不但无不良影响，而且透气性和吸音效果较涂料更好。

（2）壁纸的色彩：壁纸的颜色分为冷色和暖色，暖色以红黄、橘黄为主，冷色以蓝、绿、灰为主。壁纸的色调如果能与家具、窗帘、地毯、灯光相配衬，居室环境则会显得和谐统一。客厅宜选择暖色及明快色彩的壁纸。

在客厅空间有限时，不宜大面积使用壁纸。如在一面墙上铺设壁纸，其他墙壁留白，会使已有的一面更吸引人。总之，选择何种类型、花色的壁纸，都应与客厅的大小、总体装修风格和家具的式样、颜色及采光度相协调，达到整体与局部的和谐统一。

（3）壁纸的图案

①竖条纹图案可以增加居室高度感，是客厅壁纸的最佳选择。

▲ 壁纸的条纹设计可以把颜色用最有效的方式散布在整个墙面上，而且简单高雅，非常容易与其他图案相互搭配。

▲ 欧式石膏板拱形造型与有序的花朵图案尽显高雅的空间气质。

②长条状的花纹墙纸具有恒久性、古典性、现代性与传统性等各种特点，非常容易与其他图案相互搭配，而且由于长条状印花纹设计有将视线向上引导的效果，因此会对房间的高度产生错觉，非常适合用于较矮的房间。这一类图案的设计很多，长宽、大小兼有，因此必须选择适合客厅尺寸的图案。稍宽型的长条花纹适合用在宽敞的大客厅中，而较窄的花纹则用在小客厅里比较妥当。由于长条状印花纹在设计上有将视线向上引导的效果，因此会使人对房间的高度产生错觉，非常适合用在空间较矮的客厅。如果客厅原本就显得高挑，那么选择宽度较大的长条图案会很不错，因为它可以将人们视线向左右延伸。

③在各式壁纸花色中，鲜艳炫目的花朵图案最抢眼，这些花朵图案逼真、色彩浓烈，远观有种呼之欲出的感觉。这种壁纸可以降低房间的拘束感，适合格局较为平淡无奇的客厅。由于这种图案大多较为夸张，所以一般应搭配欧式古典家具。喜欢现代简洁家具的人最好不要选用这种壁纸。

④细小规律的小图案增添居室秩序感，有规律的小图案壁纸可以为居室提供一个既不夸张又不会太平淡的背景，你喜欢的家具会在这个背景前充分显露其特色。对于首次使用壁纸的人们，选择这种墙纸最为合适。

▲ 暖灰色壁纸与黑白相片相得益彰，衬托出居室现代、典雅的空间气氛。

◄ 这面沙发背景墙是石英壁布的质感加上彩色乳胶漆的效果。

► 咖啡色横纹壁纸与棕色壁布软包，属于同一类材料，和谐地组合在一起。

▲ 壁纸的细腻与烤漆玻璃的冷硬形成鲜明的材质对比。

▲ 色调温暖的壁纸能够通过沙发背景墙传递出舒适、恬静的家庭气氛。

◀ 该背景墙采用凸凹的“树”造型，壁纸图案的选择也很好地服务于整体设计，统一和谐。

▲ 深浅相间的竖条纹壁纸在视觉上使房间层高得到了增加。

▲ 华贵的背景墙壁纸和装饰性较强的画框将整个客厅的典雅气质烘托得淋漓尽致。

▶ 木纹图案的壁纸达到了仿真的效果，为客厅增添了许多文化气息。

▲ 稳重的镜面造型、暗纹壁纸、古朴的沙发，展现主人与众不同的审美。

▲ 暖色基调搭配橘色暗纹壁纸，给人温馨、浪漫的感觉。

设计／鞠成巍

设计／鞠成巍

设计／王向华

设计／李　岩

3. 反光材料

运用反光材料，主要是利用镜子来装饰墙壁，以产生意想不到的效果。例如，沙发背景墙上装满了镜子后，会使人觉得房间面积比原来大了一倍。

另外，镜子成像是一种反光效应，除了具有晶莹、透明的效果外，还会对反射出的景物产生一种“非物质化”的效果，使这些景物变得轻巧。如果镜子是由小片组成的，由于每片镜子不可能完全在一个平面上，更能产生令人无法想象的丰富画面。

总之，镜子对室内的美化装饰作用是无穷无尽的，是一种化“有”为“无”，使空间得到扩展和创造意境的借景法，只要精心设计、巧妙布置，镜子就能使居室倍添魅力，光彩照人。但反光材料不能用得过多，特别是不能用在地面，否则会使人眼花缭乱。

◄ 石膏板有效地分隔了落地黑镜，图案造型极富现代感。

► 烤漆玻璃以其光洁的质感、丰富的颜色，近年逐渐成为沙发背景墙的主要选材，功能性与形式感兼顾得非常得体。

▲ 该沙发背景墙采用竖条的黑镜造型，简洁而不失装饰感。

◀ 条状的茶镜和白钢对拼都属于反光材料，同时穿插于同一面沙发背景墙上，时尚感顿时流露出来。

▲ 该沙发背景墙采用菱形斜拼的银镜造型，简洁而不失装饰感。

▲ 电视周围采用黑色矩形镜面装饰，从造型和色彩上集合了视觉中心点。

设计/穆　铮

◀ 茶色的烤漆玻璃赋予了空间张力和延展度，配合暗藏的灯光效果，也从心理上为主人加强了光感。

设计/沙建磊

设计/非　凡

设计/王智杰

设计 / 王智杰

设计 / 柯与陈

设计 / 康德亮

设计 / 陈　浩

▲ 在沙发背景墙装饰中，规则拼接石材比较常见，给人以简洁、大方之感。

4. 石材

石材墙面是把大理石、花岗岩、文化石等石材镶嵌在墙表面。用石材装饰墙面，庄重大方、高贵豪华，但不宜大面积使用。可在客厅局部柱面或墙面做画龙点睛式的装饰。在日渐钢筋水泥化、拥挤、快节奏的都市生活中，回归大自然是人类追求的永恒主题。越来越多的人向往恬淡而惬意的田园生活，人们渴望绿色、追求野外，将诱人的天然景色点缀室内，显得古朴典雅、庄重华丽，在喧闹的都市里营造出一个悠然清新的世外桃源氛围。所以，简约、自然的家居风格受到很多人的追捧。

选用一些朴实、天然的材料，例如用具有天然纹理的石材来装饰背景墙，会让整个家有一种轻松自然的感觉。石材具有天然纹路和肌理效果，依据装饰主题墙分为天然石材和人造石材两种。天然石材就是天然开采的，价格较贵。文化石多数是天然石头加工而成的，但也有人造文化石，也极富原始、古朴的韵味。

设计 / 池宗泽

▲ 面积大的客厅，可使用肌理的文化石，与乳胶漆的精致质感形成一种强烈的对比，显示十足的粗犷味道。

◄ 大面积使用碎花壁纸的沙发背景墙，两侧在米黄大理石的衬托下，显得高贵典雅。

▲ 该电视背景墙选用的米色洞石也是建筑大师贝聿铭喜欢使用的设计素材。

▲ 整个沙发背景墙的暖色软包和两侧浅色调理石，鲜明又细腻地表达了对生活品位的个性追求。

▲ 从整体到细节，俊朗的石材图案，给人一种时尚简约的感觉。

▲ 在沙发两侧的石材条带装饰壁灯，对称感极强。

▲ 文化石的质感和肌理能表现整个居室的文化感。

设计 / 林锦峰

设计 / 刘耀成

设计 / 陆槛槛

5. 木材

随着家居背景墙的广泛应用，木质装饰板在背景墙中的运用也越来越多。因为花色品种繁多、价格相对适中，选用饰面板做背景墙，不易与居室内其他本质材料发生冲突，完全不用担心与居室无法搭配的问题。可更好地搭配形成统一的装修风格，清洁起来也非常方便。

设计 / 华伟工作室

▲ 家具变化丰富多彩，木质沙发背景墙给了我们自由创造的空间。

▲ 整体木作背景墙色调沉稳、端庄，深色木纹与白钢装饰条形成对比，体现了材质变化美。

▲ 直纹木作沙发背景墙同两侧银镜造型和谐地组织在一起。

► 嵌入式书柜打造出一个立体的背景墙，既显古朴典雅又不失美观大方。

▲ 该沙发背景墙用枫木饰面板简洁地进行了等距分隔，同组合式沙发共同营造出经典的现代北欧风格。

▲ 风格统一的家具和木作沙发背景墙增加了客厅的规律感和协调性，大气中显现出华丽与精美。

▲ 原木色的组合柜构成电视背景墙的主体，以实用为主。

▲ 大树造型的沙发背景墙让客厅充满了生趣。

◄ 木作的荷叶造型，生动而抽象，再用白色混油进行饰面处理，为客厅注入盎然生机。

设计／博洛尼装饰　杨　程

设计／杨建国

同时，软木饰材还是很好的吸音材料，让沙发背景墙有了极高的观赏性和实用性。板材是指木质板材，它是每户家庭装修都会采用的装饰材料。板材按其使用功能分为基层板材和饰面板材，按其制造原理分为天然板材和人工合成板材。天然板材纹理优美，材质温和、吸音，经过油漆处理后的板材更增强了耐磨、防潮等特性，因此成为一种被大众普遍认同的好材料。但是资源有限，随着环保意识的增强，人工合成板材正在替代着天然板材的主角地位。

木质饰板选购原则：

（1）饰面板材应该挑选色差较小、花型清晰美观、疤痕较少的板材。

（2）数量上要考虑比实际用量多一点，因为在实际使用中会存在损耗。

（3）基层板材要选取相对干透的。一般从颜色、重量上可以分辨板材的干湿，湿板色深，干板色淡；同样规格的板材，湿板肯定明显比干板偏重。

设计／金世纪装饰　康　慨

温馨小贴士

天然板材与人工合成板材如何识别?

（1）天然板材木纹清晰且不规则，人工合成板材木纹规则、色彩浓淡均匀。

（2）天然板材与人工合成板材虽然板面规格一致，但边缘处理有所不同，天然板材边缘不光滑，多毛刺；人工合成板材边缘光滑，手感平直。

设计／朴贤男

▲ 乳胶漆颜色的选择，可以根据个人喜好。饱满鲜亮的颜色想必定能给主人欢愉的心理享受，既时尚又温馨。

6. 喷涂材料

乳胶漆是一种新型的水溶性涂料，具有抗水性强，防潮、耐磨、干燥快、易施工等特点，是目前较理想也较常见的内墙装饰涂料。乳胶漆墙面几乎是目前应用最广泛的墙面装修形式，深受人们的偏爱。随着装修理念的更新，客厅墙面的颜色已不仅仅局限于白色，利用各种颜色的乳胶漆装点客厅墙面，彰显主人个性，已渐成时尚。

▲ 橘色的乳胶漆装饰墙面，给人以温暖的感觉。

▲ 绿色代表着春天的颜色，让整个家居生机盎然！

设计/博洛尼装饰　王　洁

设计/侯宇波

设计/任　伟

设计/陆　枫

设计 / 高继海

设计 / 寒泉设计

设计 / 沈阳艾尚装饰

设计 / 孟红光

设计 / 鞠成巍

设计 / 文　岩

设计 / 寒泉设计

Chapter4　客厅沙发背景墙软装饰设计

1. 沙发的布置形式

沙发作为代表家具的布置形式决定了客厅的格调，常见的布置形式有四种："C"形布置，对角布置，对称式布置，"一"字形布置。

设计 / 宋　辉

◀ 第一种："C"形布置。是沿三面相邻的墙面布置沙发，中间放一茶几，此种布置入座方便、交谈容易，视线开阔。

设计 / 刘建民

▲ 皮质的组合沙发舒适、耐用，适合多种类型的家居风格。

设计 / 吕海宁

▲ "C"形布置沙发让客厅显得空间开阔。

设计 / 郑超群

设计 / 李　波

第二种：对角布置。是两组沙发呈对角布置，一垂一直不对称，显得轻松活泼，方便舒适。

设计 / 何炳文

设计 / 桑春阳

两组沙发对角布置也是欧式装修经常采用的方式。

设计 / 杨传光

◀ 布艺沙发温馨舒适，色彩变幻，能够很好地营造各种家居氛围。

设计 / 刘　勇

设计 / 任　伟

设计 / 侯君黎

◀ 第三种：对称式布置。符合中国传统的布置习惯，气氛庄重，位置层次感强，适于较严谨的家居。

▲ 该方案是现代家居风格的对称式布置。

▲ 欧式古典风格也经常用对称式布置的方式。

◄ 第四种："一"字形布置。"一"字形布置非常常见，沙发沿一面墙摆开呈"一"字状，前面摆放茶几，适于客厅较小的家庭使用。

◄ 沙发"一"字形布置的客厅空间。

▲ 无须过多装饰，造型简洁的沙发本身也是装饰品。

2. 壁挂饰品

为不同的空间做装饰，你也许只想稍稍点缀一下墙面。装饰画、手绘墙、CD墙、照片墙、海报墙，这些都是简单易行的主题墙装饰手法，我们不需要像设计师一样综合地考虑居室功能、空间气氛，而只要我们喜欢就好，或者选择一款别致的太阳窗帘，把窗帘拉上，就是一幅美丽的背景墙了。

墙面艺术品的布置主要有以下几种：

（1）艺术品的种类

艺术品的种类应跟着整个客厅的装修风格走，这样才能营造一个整体的气氛，增强客厅的舒适和协调感。

▲ 把各式各样的生活照片挂在墙上，或意义深远，或诙谐有趣，让人心情愉悦，墙面也变得鲜活起来。

▲ 树形图案的壁纸让整个房间充满快乐的感觉。

▲ 花朵图案的黑白小挂画，时尚美观，为几何形式感强烈的沙发背景墙增添了些许现代气息。

设计 /WILLIS（威利斯）设计

◀ 西式挂画同分居沙发两侧的灯饰，
整个空间的欧式设计风格十分契合。

设计 / 柯与陈

▶ 艺术铜饰让乳胶漆沙发背景墙的艺术效果得到了提升。

设计 / 沈阳艾尚装饰

▲ 悬挂两幅漂亮的抽象画，会使沙发背景墙显得现代高雅，同时在欣赏中获得艺术的熏陶。

设计 / 魏晓帅

▲ 同风格、同尺寸的装饰画同置，互相映衬。

设计 / 富尔特装饰

设计 / 鞠成巍

◀ 沙发背景墙上的挂镜，对其大小、造型以及边框的材质、色彩都要仔细挑选，使之与周围环境在风格上达到统一，在色调上取得协调。

（2）艺术品的尺寸

艺术品的尺寸和墙面的高低大小应相和谐，如果是中国画，立轴之长不越过墙高度的 2/3；如果是西洋画，画框最大不能超过墙面的 1/2。

设计 / 金世纪装饰 刘兆娣

设计 / 梵石设计

▲ 精美的欧式搁板是地中海风格沙发背景墙上最好的装饰品。

设计 /DOLONG 设计

▲ 如果什么都不想做，只是不想墙面太过于单调，就选上几幅喜欢的画吧，按喜欢的样子挂上去。

设计 / 郑超群

设计 / 鞠成巍

设计 / 王向华

设计 / 张思文

设计 / 沈阳艾尚装饰

（3）艺术品主色的选择

艺术品的主色应与墙面底色、朝向（光线效果）有关，特别是光线效果尽量取最佳位置。

设计 / 元洲装饰　郑艳玲

设计 / 马　飞

设计 / 元洲装饰　郑艳玲

设计 / 侯宇波

（4）艺术品的布置方式

①组合式：组合式的布置方法是由一组画构成装饰效果，装饰中心是一幅主画，这样能起到突出中心、主次分明的视觉效果。两边围绕些装饰品，物品可以多种多样。通过合理地搭配，达到和谐统一的效果。

设计 / 金世纪装饰　张朝亮

▲ 利用日常生活中的小饰物来丰富墙面的表情，你尽可以发挥想象，根据墙面空间的大小，将平凡的小物件组合、搭配在一起，创造出意想不到的精彩画面。

设计 / 张思文

设计 / 徐　江

设计 / 侯君黎

②错落式：以错落式画框来布置墙面的方法现代感较强。画框大小凭借几何图案的原理，既突出整体的效果，又具有单个叙述的功能。

设计 / 君悦设计工作室

设计 / 刘　超

设计 / 李尚海

▶ 错落式画框来布置墙面的方法现代感较强。

设计 / 梵石设计

设计 / 金世纪装饰 康 慨

设计 / 金世纪装饰 尚英杰

温馨小贴士

如何美化墙面?

还可利用各种小饰物点缀墙面，如壁挂、钟表、照片等。总之，墙面是房间内不占地面空间的视觉天地，能够很好地利用和美化，可以展现出主人的个性与审美观，这对形成独特的居室风格也有相当重要的作用。

3. 手绘

客厅是住宅中面积最大，也是使用人数和频率最高的空间，大家在其中聚会、看书、看报、看电视，接待客人。从造型上来看，它是最能体现住宅风格特点，体现主人的习惯、爱好、职业、文化程度和欣赏水平、审美情趣的空间，因此，客厅一定是我们住宅居室装饰设计的重中之重。手绘背景墙可以在家具、陈设的基础上，更好地烘托整体氛围，使整个空间脱离死板、单调的感觉，增添空间的灵气，显现出主人独特不凡的品位。

设计 / 许志冰

▲ 选择一面比较主要的墙面大面积绘制，往往会给访客带来非常大的视觉冲击力。

在风格选择上，应该首先根据个人喜好来进行选择。同时要与居室装饰的整体风格协调一致。比如说现在家居装饰的几种大的风格，如中式风格、欧式风格以及现代风格，也有个别业主喜欢日式风格、田园风格或者东南亚风格，都应该根据不同的风格定位来选择合适的图案风格。

▲ 中式装修的背景墙可以风景、人物、花卉为主，或者直接选用一些花鸟类的国画作为图案。

▲ 用丙烯颜料手绘背景墙可延长持久度。

▲ 几片手绘的叶子让整间客厅充满了灵动！

现优简约风格装修可以选择现代题材的风景、人物、花卉或抽象画、卡通画。也可以根据主人的特殊爱好，选择一些特殊题材的画，比如喜欢宠物的朋友可以控一些动物题材放画；喜欢体育的朋友可以绘制一些运动题材的画；喜欢文艺的朋友可以绘制一些与书法、音乐、舞蹈有关题材的画。色彩的选择上，同样要根据不同风格来选择合适的色调。

比如日式家居风格比较雅致，适合比较淡雅的色调；中式家居多采用红黑水制家具，可以选择水墨丹青的国画；现代风格多数简洁明了，可以选择黑色、白色、红色或者金银等金属色作为主色调，来对风格进行呼应和强调。

▲ 欧式家居多采用油画作为背景墙装饰。

壁纸或者其他装饰材料是家庭装修一笔很大的开销，例如欧美进口壁纸，高达几千元一平方米，但手绘背景墙只要壁纸三分之一的价格就能使你的墙面变得个性、生动。比起壁纸等其他材料有过之而无不及。从艺术和美观的角度来讲，壁纸或者其他装饰材料种类有限，无非是颜色上的变化，纹理基本相差不多，没有什么艺术性。

如果你选择了手绘背景墙，那么只要你喜欢什么图案，就可以把它放在你想放的任何一面墙或者其他地方，使你的选择余地更为广泛，并且通过与家中的家具和环境进行配合、点缀，使空间更加协调并充满个性。

▲ 抽象画往往用色大胆、构图简洁，是现代风格背景墙装饰的首选。

根据你的要求做出一个完全属于你的独一无二的风格！有些人会问那要是损坏了或者弄脏了怎么办？如果是普通的墙可能要花上不少的钱来粉刷整面墙或者更换整面墙的壁纸。而墙绘不需要，损坏了可以局部修补，脏了可以轻松擦洗。

温馨小贴士

如何使手绘背景墙与家具更协调？

沙发、茶几、电视及电视柜是客厅的主要家具，现在的客厅设计计多数会在电视所靠的墙壁做背景墙的设计。这里是绘制手绘背景墙的最佳位置。也可以狂沙发一侧的墙面上进行绘制。在绘制的时候。应该考虑家具的样式，中式家具适合搭配具有中国风格的图案或者绘画，如一些传统图案；现代的家具可以考虑选择一些卡通人物或者几米风格的画。也可以选择一些藤蔓类的花纹等。

▲ 通过墙面的手绘图案，可以看出男主人的心中一定怀揣着一个航海梦。

▲ 手绘让背景墙不再拘泥于某一种整体风格，它的表现方式多种多样。

▲ 在墙面上绘出的生动画面，犹如将一幅幅流动的风景定格在墙壁上。

▲ 手绘壁画的色彩很好地与背景墙上的一抹红色十分和谐。

4. 绿化装饰

为了让家居中的客厅充满生机，在沙发背景墙边摆一些绿色植物不失为一种简便有效的方法。但这其中也有规则，绿色植物摆放应该考虑位置与角度，否则将会有“费力不讨好”。

▲ 高大的热带植物由于体积较为庞大，容易吸引人们的注意，因此就需要放在沙发背景墙前，或者客厅家具的左右。

◀ 背景墙墙角、窗边放置巴西铁、鸭脚木等绿色植物，可以营造出生机盎然的氛围，令人精神振奋。

▲ 植物还具有丰富的内涵，例如龟背竹叶色深绿，叶形开阔，体现自由、豪迈之气。

▲ 将绿化引入背景墙，使客厅兼有自然界外部空间韵味，使室内外景色互相渗透，扩大室内空间感。

▲ 根据背景墙墙面的设计，选择了一株颜色浓绿、花姿优美、色彩鲜艳的发财树。

▲ 宽敞的客厅可以在墙角处摆放体大、叶大、色艳的植物，如散尾葵、橡皮树、大叶伞、朱蕉、变叶木等。

小的植物虽然精巧可爱，但摆放在地板上目标太小，既不显眼更不能从局部上展示它的精致所在。挂在墙壁上、柱子上的绿色植物就像是一幅立体画，可以选择藤蔓类和下垂类的植物。

居室是一个较封闭空间，温度变化不大，自然光线不如室外充足。因此. 室内绿化只好选择耐阴、根系浅、无毒、芬芳、无刺激件的植物。

居室绿化的关键是摆放艺术，室内植物主要有盆树、盆花、盆草和盆景四大类，统称盆栽植物。它们的布置方式很多，主要有悬挂式、陈列式、花架式等几类。不管采取什么方式，都要力求使植物与家具和室内环境相协调。

▲ 所选植物的高度不宜靠近天花板，即使是摆在柜子顶部或其他地方的植物也应如此，以免造成压迫感。摆在底下的植物，高度应在地板至天花板的三分之二处为佳。

悬挂式主要是用小型盆栽植物来点缀居室较高的空间，一般以盆草为主，它可为室内带来一定的生机。陈列式是利用各种盆草、盆花、盆景、盆果及小型盆树摆放在陈列架或居室的某一位置，使植物与居室内的其他物品相映成趣。还

可利用单一花架摆放植物，来填补居室某一部分的空间。一些大型的盆树可以落地摆放，同样可起到美化作川。此外，还可以用藤蔓类植物采用攀缘式来美化居室。

▲ 该背景墙处选用的植物叶形宽大、枝条柔软，能活泼空间的气氛。

▲ 小盆栽配合大株植物为空间增加了活力，客厅也显得更加精巧别致。

附赠光盘图片索引（001～100）

何炳文 001
宋　辉 002
张　桥 003
崔文佳 004
王宏伟 005
王洪军 006
吴晓龙 007
陈　嘉 008
程虹瑞 009
曹　鸥 010
陈尚平 011
王　聪 012
程家龙 013
毛贻伟 014
潇　枫 015
耿　昊 016
郝　果 017
霍焕平 018
纪丽琼 019
康德亮 020
刘　博 021
沙建磊 022
石从峰 023
田　丰 024
于银瑞 025
鲁　勇 026
张兆阳 027
程虹瑞 028
林戴钦 029
林戴钦 030
赵学平 031
DOLONG 设计 032
DOLONG 设计 033
DOLONG 设计 034
DOLONG 设计 035
DOLONG 设计 036
WILLIS（威利斯）设计公司 037
WILLIS（威利斯）设计公司 038
WILLIS（威利斯）设计公司 039
WILLIS（威利斯）设计公司 040
WILLIS（威利斯）设计公司 041
昶卓设计 042
梵石设计 043
梵石设计 044
胡狸设计 045
胡狸设计 046
刘耀成 047
陆槛槛 048
陆槛槛 049
吕海宁 050
吕海宁 051
张海峰 052
于　龙 053
于　龙 054
刘耀成 055
杨　坤 056
昆山叙品装饰工程有限公司 057
DOLONG 设计 058
华伟工作室 059
陆槛槛 060
DOLONG 设计 061
DOLONG 设计 062
杨克鹏 063
WILLIS（威利斯）设计公司 064
梵石设计 065
梵石设计 066
唐建国 067
胡文波 068
魏庆喜 069
宋会杰 070
澜庭设计 071
刘耀成 072
刘耀成 073
刘耀成 074
刘耀成 075
许志冰 076
北京雕琢空间设计 077
常雅婧 078
常雅婧 079
常雅婧 080
常雅婧 081
常雅婧 082
常雅婧 083
陈久阳 084
金世纪装饰 085
金世纪装饰 086
金世纪装饰 087
朱琳琳 088
何　群 089
何　群 090
王　玮 091
康　慨 092
康　慨 093
康　慨 094
康　慨 095
刘兆娣 096
尚英杰 097
王　禹 098
张　新 099
张　新 100

附赠光盘图片索引（101～200）

张新 101 | 张新 102 | 张新 103 | 戴文强 104 | 戴文强 105 | 梵石设计 106 | 奉泉装饰 107 | 奉泉装饰 108 | 高求 109 | 寒泉设计 110
侯学坤 111 | 胡狸设计 112 | 胡狸设计 113 | 胡狸设计 114 | 胡狸设计 115 | 胡狸设计 116 | 胡狸设计 117 | 贾冠楠 118 | 贾建新 119 | 贾建新 120
李恩来 121 | 李晓乐 122 | 李晓乐 123 | 刘闯 124 | 陆槛槛 125 | 马健 126 | 滕红红 127 | 徐柯 128 | 徐柯 129 | 徐柯 130
徐柯 131 | 杨建国 132 | 杨晓慧 133 | 杨晓慧 134 | 营口爱家装饰 135 | 郑艳玲 136 | 朱琳琳 137 | 张富强 138 | 张锐霖 139 | 周周 140
张新 141 | 李尚海 142 | 叶臻菲 143 | 张力 144 | 卜什 145 | 付佳兴 146 | 胡立美 147 | 黄军 148 | 刘青清 149 | 石伟岐 150
吴献文 151 | 徐柯 152 | 谢方明 153 | 熊逸飞 154 | 杨程 155 | 侯宇波 156 | 廉旭 157 | 吴锐 158 | 君悦设计工作室 159 | 王明乾 160
徐进超 161 | 杨静平 162 | 杨明 163 | 杨明 164 | 张思文 165 | 张思文 166 | 杨明 167 | 张思文 168 | 郑泽波 169 | 李岩 170
李岩 171 | 李岩 172 | 贾元 173 | 王子涵 174 | 孙朋辉 175 | 北轩装饰 176 | 北轩装饰 177 | 北轩装饰 178 | 北轩装饰 179 | 北轩装饰 180
北轩装饰 181 | 北轩装饰 182 | 北轩装饰 183 | 北轩装饰 184 | 北轩装饰 185 | 北轩装饰 186 | 北轩装饰 187 | 北轩装饰 188 | 北轩装饰 189 | 北轩装饰 190
北轩装饰 191 | 北轩装饰 192 | 北轩装饰 193 | 北轩装饰 194 | 北轩装饰 195 | 北轩装饰 196 | 北轩装饰 197 | 北轩装饰 198 | 北轩装饰 199 | 北轩装饰 200